AF824569

Memoria en los dientes de mi abuela

Carlos Aguasaco

MEMORIA EN LOS DIENTES DE MI ABUELA

Festival de Los Confines

Memoria en los dientes de mi abuela

Sobrevivió mi abuela a la fiebre y a la malaria
sobrevivió repito al hambre y su miseria
sobrevivió conmigo
en un rincón de su memoria
e incluso
sobrevivió a la violencia que le robó a su hijo.

Hoy evoco su sonrisa con tres dientes
la constelación
que se mostraba cuando al abrir los labios me decía:

Carlos, nunca dejes
que te contagie la peste
de la indiferencia...

LAS MUERTAS DE JUÁREZ

[Poema compuesto con la lista real de los nombres de las víctimas de feminicidio reciente en Ciudad Juárez, México]

¿Qué sabes de Adriana, Aída, Alejandra, Alicia, Alma, Amalia, Amelia o Amparo? ¿Qué sabes de Ana, Apolonia, Araceli, Aracely con i griega o Bárbara? ¿Qué sabes de Bertha, Blanca, Brenda, Brisa, Carolina, Cecilia, Celia, Cynthia, Clara, Claudia o Dalia? ¿Qué sabes de Deisy, Domitila, Donna, Dora, Elba, Elena o Elsa? ¿Qué sabes de ellas, de alguna de ellas o de Elizabeth, Elodia, Elva con uve, Elvira, Emilia o Eréndida? ¿Qué sabes de ellas, de alguna de ellas, de sus muertes, de sus últimas palabras o de Erica, Erika con Ka, Esmeralda, Estefanía, Eugenia, Fabiola, Fátima, Flor o Francisca? ¿Qué sabes de ellas, de alguna de ellas, de sus muertes, de sus últimas palabras, de sus llamados de auxilio, del hilo de sangre con que llevaban el alma atada al cuerpo o de Gabriela, Gladys, Gloria, Graciela, Guadalupe, Guillermina, Hester con su hache invisible en el aire o de Hilda? ¿Qué sabes de ellas, de alguna de ellas, de sus sueños, de sus recuerdos, de su recuerdo, de sus lápidas o de Ignacia, Inés, Irene, Irma, Jacqueline, Jessica con doble ese y sin acento, Juana, Julia o Julieta? ¿Qué sabes ellas, que cualquiera de ellas, de los ojos que lloran su ausencia o de Karina, Laura, Leticia, Lilia, Liliana, Linda, Lorenza, Lourdes, Luz o Manuela? ¿Qué sabes de ellas, de la más joven de ellas, de sus manos juntas como en oración buscando la paz de la justicia o de Marcela, Margarita, María, María, María, María, cuarenta veces María? ¿Qué sabes de ellas, de alguna de ellas, de sus memorias, de sus sonrisas acalladas con violencia o de Maribel, Maritza, Martha, Mayra, Merced, Mireya, Miriam o Nancy? ¿Qué sabes de ellas, de la más baja de ellas, de sus zapatos con lodo, de su relicario de plata, de su mano entreabierta y levantada como para saludarte o de Nelly, Nora, Norma, Olga, Otilia o Paloma? ¿Qué sabes de ellas, de todas ellas, de la primera de ellas, de su sombra en la tierra, de su corazón roto tres veces y a la vez treces veces zurcido con llanto o de Patricia, Paula, Paulina, Perla, Petra o Raquel? ¿Qué sabes de ellas, de la segunda de ellas, de sus primeros pasos, de sus muñecas, de su espejo de azogue o de Reina, Rocío, Rosa, Rosa como en un coro de Rosas, Rosalba, Rosario o Sandra? ¿Qué sabes de ellas, de la más vieja de ellas, de sus primeras letras, de sus gastos, de sus deudas o de Silvia, Silvia y Silvia, Sofía, Soledad, Sonia, Susana o Teodora? ¿Qué sabes de ellas, de la más alta de ellas, de sus tortillas, de sus tacos, de su mole, de sus chiles rellenos o de Teresa, Teresita, Tomasa o Vanesa?

¿Qué sabes de ellas, de la más solitaria de ellas, de su talismán, de su tatuaje, de su marca de nacimiento, de la cicatriz de un parto o de Verónica, Verónica la otra, la otra Verónica que no es Verónica, Victoria, Violeta, Virginia, Viridiana o Yésica? ¿Qué sabes de ellas, de la más alegre de ellas, de sus canciones, de sus polleras, de su cumpleaños, del día de su santo, de sus mañanitas o de Yolanda, Yolanda, Zenaida o Zulema? ¿Qué sabes de ellas —ime—, de todas ellas, de cualquiera de ellas, de sus dolientes, de sus amigos, de sus hermanos, de sus hijos, de su bautismo, de sus nombres o de la mujer sin nombre que ha muerto más de setenta veces, de la mujer sin nombre que —¡ay! ¡ay! ¡ay! ¡ay! ¡ay! ¡ay! ¡Dios mío!— sigue muriendo en Juárez sin que nadie haga o diga nada?

UN HOMBRE PASA CON SU CUERPO AL HOMBRO

Un hombre pasa con un pan al hombro
CÉSAR VALLEJO

en la trastienda   de estos versos
verás
que en el resquicio   entre el epígrafe y su firma
como un error de imprenta
un hombre pasa   con su cuerpo al hombro

su cuerpo   enrollado   como una alfombra
que pende   de sus hombros
una cruz

Jesús,   lo llama algún idiota desde la vereda
de la hoja
y se ríe a solas   hasta la mitad de su oreja

en la trastienda   de estos versos
verás
que el hombre   soy yo mismo
y me llevo hasta la tumba
con las suelas por delante   y la espalda recta
con las manos hechas ramas   y las uñas
como hojas secas

pero el poema no habla de mí   ni de este cuerpo
no habla de un pan   ni de César Vallejo
habla de la brisa   que te desordena el cabello
del rostro del obrero que corta leña y de su hacha
de su madre hambrienta   que alimenta la lumbre
con su propia trenza
y de su choza helada en mitad de la cordillera

DEL BUEN SENTIDO

De una tela de César Vallejo

Debo decirte madre,
que existe un lugar en el mundo al que todos
llaman Nueva York.
Un lugar alto y lejano y aún más alto,
más alto que la iglesia en el cerro de Monserrate
y sus palomas sonámbulas,
más alto y lejano que el volcán en que pereció
nuestra especie
y sus cenizas azules quemando nuestros rostros
mestizos,
más lejano que yo mismo cuando fui a París
a visitar a Vallejo,
más alto que Vallejo que ahora valleja
a ras de tierra.
Alto y lejano como yo, visto desde abajo,
cuando salto desnudo a nadar en el Hudson
y encuentro inmigrantes tratando de alcanzar
la costa.
Sus cuerpos sin vida me llaman desde el fondo
y yo les hablo de ti, madre,
de la mariposa que se fue de tu vientre,

del día en que soñaste que yo era un enano.

Madre, este lugar en el mundo al que todos llaman
Nueva York,
no es París, pero tiene una dama francesa
que le sonríe a Europa.
Al otro lado del teléfono, mi madre
me desea primaveras,
y aquí florecen las margaritas de plástico
y sonríen las chicas con tetas de goma.

Madre, no me ajustes el cuello para que empiece
a nevar, sino para que cese de nevar,
déjame vagar por esta isla soberbia entre
las luces del Show Business,
embriagarme a solas con tu ausencia, y comienza
a vivir cansada de mí,
ausente de mí, vacía de mí, sorda de mí, ciega
de mí, muda de mí, insomne de mí.

Bajo esta muralla de sombras,
yace un Titanic de granito y un niño que llora
en los trenes subterráneos;
la madre de otro hombre lo despierta y se acuesta
en su cama.
Nosotros madre, somos de otro tiempo.
Nuestra piel es cuero de tambor y jamás
perderemos el acento.

GERTRUDE STEIN Y CÉSAR VALLEJO VAN AL CINE CON GUANTES DE BOXEO

Gertrude Stein (1874–1946)
César Vallejo (1892–1938)

Gertrude Stein salta a la calle con su abrigo y sus
    guantes de boxeo
más finos   para ir al cine

César Vallejo remienda su único abrigo y sus
    guantes de boxeo
y sale a la calle   camino
    al cine Balzac

Dos poetas americanos en la París de 1936
        en el sentido más libre del término
exiliados los dos
como personajes invisibles   en los
    crepúsculos de Chales Chaplin

transeúntes diligentes   deambulan
    pero tienen rumbo
cada uno con su propia ruta
cada uno a su propio ritmo

humoristas conceptuales   actorcillos de
comedia
crudos poetas de vanguardia   —así les
llama Picasso—

Gertrude y César
a veinte minutos   uno del
otro
boxeando con la sombra que los persigue en la
tarde
lanzan golpes   voces de aire a las
aguas del río Sena

Los guantes de Gertrude son de colección   ya
llegarán a algún museo

—supone Picasso—
Los guantes de Vallejo   tienen
frío y dos dientes rotos
          como un
palimpsesto
vistos de cerca —digo yo, que no soy Picasso, y no
temo equivocarme—
son un solo par de guantes

César y Gertrude y César y Gertrude y César y
Gertrude

han entrado al teatro y sin sentarse observan
Tiempos modernos
la sombra que los persigue desaparece
en la penumbra
y juntos ven a Chaplin guiñar el ojo izquierdo
como señal
para iniciar el combate

Gertrude lanza el primer golpe
una rosa es una
rosa es una rosa es una rosa

César se cubre con las largas orejas de su burro, de
su burro peruano del Perú
y lanza un
gancho de tristeza

Gertrude responde *If I hit him would he like it*
Would he like it if I hit him

y lo golpea con su guante verde su
guante de boxeo cubista

en las costillas
If I hit him would he like it Would he like it if I
hit him

Un sonido de tripas interrumpe la escena
la proyección se detiene y las luces se encienden

Vallejo se disculpa muy gallardo   no ha sido
    el golpe   querida Gertrude
Gertrude querida
es el hambre que no cesa

la proyección continúa y regresa la penumbra
y así sigue el combate
    89 minutos más de
César y Gertrude y César y Gertrude y César y
    Gertrude y César y Gertrude

Gertrude y César   sudan sudan sudan sudan y
    sudan
                                                pero no
    bajan los brazos y siguen luchando

¿Dónde puedes guardar tanto dolor César Vallejo?
—dice Gertrude y lo golpea en los labios—

César riposta con un verso que parece un calco
        una cadena de palabras que Stein lee con su
    oreja derecha y traduce con la izquierda

en un verso no en su poeta   entre la puerta
    del horno y el pan que se nos quema
entre la lengua y la palabra gleba

y en mí solo   *en mí solo*
    en mí solo

Palabras,   seres de aire,
    en el aire disueltas,
si como a una cometa pudiera mantenerlas
atadas a mi mano
y caminar por las calles   como una niña
                                 con su globo de helio,
feliz seria   mi presencia   entre la multitud
    que camina.

Palabras,   batir de alas   que el aire enturbia,
aves de viento   incubadas
    en la garganta,
si después de echarse a volar   volvieran
sobre mi
como un beso distante   de mi propia
lengua
tibia estaría mi piel   a cada instante.
Si mis palabras viajeras   llegaran a tu oreja
y allí se alojaran
como una brizna de polvo   en el caracol
    de tus días

algo de mí   habría entrado en ti por algún tiempo
algo de mí   se habría incubado en ti
algo de mí,   sin temores,   ya sería tuyo,
todo de mí   ya sería tuyo,
todo de mí   ya sería tuyo,
¡No lo dudes!

VOCALES

A noir, E blanc, I rouge, U vert, Obleu:
/ Voyelles,

A negra, E blanca, I roja, U verde, O azul:
/ Vocales,

ARTHUR RIMBAUD

A
De los cuerpos inertes
llena de candor vendrá
la muerte
Dios mío
Dios mío A
de los cuerpos inertes
cuán pálida y tibia te presentas hembra
serena
serena A
serena muerta
aun de estos ojos piedras
se recogen hiedes
vos sois como yo mismo
y yo como la muerte
pues soy de piedra roca
tallado por la suerte

historia que a la historia
es muerte de su muerte

A
de los cuerpos inertes
llena de dolor está
la suerte
Dios mío
Dios mío A
De la A que hiere.

O
De tus ojos mis ojos
la sonrisa presurosa
del no bien amado culpable
se refleja en el cristal
y allí
tú mujer de tez blanca
cabellos largos negros
(donde tus ojos parecen el agua)
aguardas
sin motivo O
sin razón
sin conocer el terror
bufón y amante de la O.

E
de la muerte y la fe
hijos míos

hijos míos
tengo frío
siento sed
antes de marcharos
dadme agua de beber
dejad al que ahora yace
olvidadle
si podéis.

U
Antonio viajaba al sur
en la homilía de los pasos
el sudor de la mañana
María la que tanto quise
María la que sola estaba
recostada en medio lecho
en voz triste susurraba
a do se ha ido Antonio
a do y no queda nada
en la homilía de los pasos
el sudor de la mañana
U
Antonio murió en el sur.

I
Vocal y letra del fin
eres y serás
desde ahora i para siempre
ese sentimiento ido

que en otro tiempo habitó los aires
en tu contacto con la tierra
aprenderás a mentir
y la amalgama fuerte
que se forma
de las desmesuras
las imprevisiones
y los incontables fallos
marcará en adelante tu huella
al contacto con la tierra.

SALTIMBANQUI Y VENDIMIA

DEL SALTIMBANQUI

Al final de esta frase, comenzará la lluvia.
DEREK WALCOTT

Por las calles y entre las esquinas, corre el rumor
del pueblo.
Una voz eufónica grita que el Saltimbanqui cayó
de la cuerda.
Reptando en el asfalto, el caído, soporta las risas
gira su brazo y se aleja de la plaza.

Lejos de allí, entre los adoquines, se alarga
la sombra de la lluvia

Al mirar atrás se hacen niebla los ecos de la risa.
Ahora, el transeúnte anónimo comprende la causa
de la caída
y se propone no repetir sus errores:

—Jamás actuar de nuevo junto a un culebrero
que pueda invocar el trueno.—

Viajo sin compañía y mi amistad con el viento
    es mi alimento,
la huella de la caída es mi rastro en el mundo.
Jamás creí eterno mi lugar en la historia
    y —sin embargo—
me repito en cada hombre que ve mi acto.

Aun en la risa burlona, de quién no tiene monedas
que arrojar al sombrero, puedo crear un espasmo:

—No todos dan tumbos en el aire y arrojan leguas de fuego
Para mirarte a los ojos—

CONTRICIÓN DEL SALTIMBANQUI

I.
Otro que habla en mí y miente,
posee el don del equilibrio para cruzar la cuerda.
Ese a quien invoco antes de iniciar el acto,
como en un rito animista entre oraciones
    y escapularios,
es en realidad mi ancestro.

II.
Todos los días cuando subo al árbol extremo
    de la arena,
entre la gente aparece el verdadero equilibrista,
señor de los aires, rey de la pirueta, vencedor
    de la muerte.

Aun en la caída, cuando todos los puntos
    son el mismo punto
y los rostros de colores que me observan
se paralizan en el mismo instante del carnaval
    del tiempo
y corretean así, estupefactos, y por simple distracción

mi extravagante figura que cae y se desploma
    en fragmentos,
para luego reagruparse, no siempre por completo.
maestro, me pregunto:

—¿Por qué insistes en arrojar monedas
    al sombrero de un estudiante
que cambia por comida los secretos
    de tu ciencia?—

ENSEÑA DE SALTIMBANQUI I

Al iniciar la acrobacia, que es tu día a día
donde recibes la visita lo Otro, cierra los ojos.

Esos que te escuchan, cuando cantas,
  en el coro de los Ángeles,
con sus espadas de fuego dirigen el movimiento
  en el espacio.

Afuera, todos maravillados, aplauden
la visita de la que no se percataron.

Después del salto, sonríe al monje barbado
pues él no sabe si tú también eres un Ángel.

ENSEÑA DE SALTIMBANQUI II

He visto a un monje carolingio
Erguirse ante mis ojos.
Con el monje gris hablé cuando a mí se mostró
entre rayos de luz infernal.

WILLIAM BLAKE

I.
Sobornable aún en el salto, voy entre miserias.
¿Cuál será el nombre del caballero furioso
que al chocar con la arena parece desde el fondo
de la tierra
reclamarme junto a él en el infierno?

¿Acaso será el mismo ser que en lo alto
    de la acrobacia
desde la blancura me saluda?

Pues su rostro está en lo Otro y desde allí
    puede abarcarlo todo.

En contraste, la pirueta es una sonrisa,
que en cada salto yo, Saltimbanqui:
quiero coser al corazón del viento.

ENSEÑA DE SALTIMBANQUI III

En lo alto sé con el vigía
que los campos *son de oro y son azules*,
regados por las mujeres que corren a la vendimia,
los observo ajenos a mis piernas.

Alguna vez mendigué sobras de pan a los pies
    de un banquete,
cuando visito el espacio veo la imagen
    de un hombre bajo un manzano
que busca en la muerte natural del fruto
derrumbar la ingravidez de mi cuerpo y apagar
    la sonrisa
con la que ahora desprecio el pan que me negó
    en su mesa.

ENSEÑA DE SALTIMBANQUI IV

La permanencia en el espacio es el acto
    de perder la forma,
de hacerse traslúcido en el ambiente
    y abarcarlo todo, o casi todo.
Así por fin, en el espacio, ya no significar sino ser.

Cuando alargo el sombrero pienso:
Si fuera real el encuentro, entonces
¿a qué volver a las letras, las palabras o el cuerpo?

DE LA VENDIMIA I

Y ábrase ya la tierra
que espinas nos producía.
SAN JUAN DE LA CRUZ

Siega tu brazo el espacio,
entre el jugo de la vid y la sed de mi garganta.

¿Acaso sabes que un día la mano con que tocas
    el fruto será el fruto
y la garganta que refresca el vino refrescará
    otra garganta?

DE LA VENDIMIA II

La joven sonríe al cortar el fruto y lo arroja
    en la cesta.
La muerte, bien lo dijo Whitman, puede
    ser el desprecio
de mil muertes más;
en la vendimia, en cambio,
es la certeza de que el segador también será segado.

DE LA VENDIMIA III

En tiempos de siembra aprende,
en la cosecha enseña y en el invierno goza.

WILLIAM BLAKE

Un día acuclillados entorno a la hoguera
buscaremos arder con el fuego,
    en su misma substancia.
Quizá lo perdido pueda ser reconciliado
pues de lo contrario el zumo añejo del fruto
    de la vid,
que ahora siegas,
lluvia, querida mía, nos obsequiará el olvido.

PIEDRA DEL GUADALQUIVIR

Serie escrita leyendo el Arte Poética de Borges
y siguiendo la numeración maya

•

SUCEDE QUE UN DÍA,   entrada la tarde
dejas de caminar por la ciudad
y te detienes a mirar el río
la arteria que fluye por su pecho de piedra
decides quitarte los zapatos   y metes los pies
en el agua
por un momento sientes que todo en tu serfluye
y con la corriente se elonga, se disuelve en el agua
el tiempo es otro río,   recuerdas
y piensas en la ironía del anciano enceguecido
para quien el ojo   era una pluma
y la penumbra   su lienzo
el río es otra forma del tiempo,   murmuras
te quitas la camisa   y te dejas caer de es-
palda
quieres quedarte allí,   permanecer allí,   en
el torrente
dejar que el agua te redondee las carnes
y haga de tu cuerpo   una roca suave
un guijarro más   en su corriente.

••

ALGUIEN ARROJA UN CENTAVO   al torrente
como quien pide un deseo
la moneda atraviesa el aire y cae al agua
te golpea en la frente,   justo en medio de las cejas
abres los ojos y ves los rostros de los turistas
que junto al Guadalquivir
van hacia delante en sentido contrario a tus deseos
forman una marea   que se pierde en la distancia
pasan como el agua,   dices en una sentencia
y vuelves a dejar   que la corriente te cierre la mirada.

●●●

DEAMBULAMOS DORMIDOS con los ojos
abiertos
la vigilia es otro sueño,
recuerdas al anciano sentado junto a
la puerta,
recostado en su bastón
como un dinosaurio de piedra
por un momento sospechas que él te
ha soñado
que eres un personaje de un laberinto
circular hecho ruinas
algún pececillo extraviado te muerde en la oreja
la mente vuelve al agua
que cada vez se hace una manta más gruesa,
más fría
y permanente.

●●●●

DORMIR, MEDITAS,   es el parpadeo
entre la vigilia y el río
la vida,   supones,   es la sucesión finita
entre sus cauces
la muerte,   comprendes, es el final de la carne o
la erosión de la roca
no temas,   quieres decirle al anciano de tu sueño,
no temas,   de una forma u otra permaneces
si no eres piel o roca   serás el pez que
te mordió en la oreja
irás a con él hasta el vientre de la ballena
no temas, le repites
ya aprenderás a existir   como un hilo de arena
casi invisible
entre sus dos cauces.

El viejo se levanta y, con el bastón en el aire,
propone
que todo el universo es un libro gigantesco
que *el día o el año son un símbolo*
luego se sienta   y así permanece
yo soy entonces un códice   escrito por el agua,
un petroglifo del tiempo,
dices en voz baja   para entretener su idea
sin perturbar a la rana   que dormita en
tu rodilla.

El símbolo se desprende del objeto
como el hombre de sus huellas,
meditas en silencio bajo la manta líquida
que te envuelve.

Un remo entra en el agua y te golpea el tobillo
el huesecillo se desprende de la pierna
y rueda con la corriente
¿Seré yo el símbolo de ese guijarro?
¿Será ese trozo de grava el mío?

Allí se va una parte de tu alma,
libre de memoria
allí se va una parte de ti que por fin fluye,
que fluye al fin.
Recuerdas al anciano del bastón,
al dinosaurio de piedra
y lo ves erosionarse en la distancia.
El viento, piensas,
no es el anverso del agua
sino su alma diluida en el espacio.

El viento,
es el río del aire

piensas,
que envuelve al poeta.

¿QUÉ HACER?
Te preguntas con el ritmo de la corriente
que se calma
¿Cómo convertir *el ultraje de los años* en susurro,
en estribillo, en canción?

Piensas en el viejo, en el aire y en el río
¿Cuál es su artificio? ¿De qué manera transcurren y crean?

El pez que sale de tu oreja es devorado por
un pez más grande
ese a su vez se aleja sin tocar a la rana.

Sientes que un cangrejo entra en tu nariz como
en su casa
con su pinza inclemente te hace polvo el tabique
y *remodela* el espacio
con su telson de bronce barre los escombros
y así, hecho polvo, se va tu huesecillo de piedra.

PIENSAS EN LA MUERTE y le temes
el viejo dice que allí habita el sueño
la iglesia ha dicho que para ti
será una pesadilla
la ciencia ha dicho que desprecia a la iglesia pero
advierte
que el sueño es tan real como la conciencia.

La solución del viejo, supones
aturdido,
fue morir a grandes saltos
hacer de la vigilia un sueño,
habitar la noche perpetua, la ceguera.

Piensas en la muerte y la aguardas.

Conociste a un poeta que no murió en el ocaso
un ser de caoba que celebró su cuerpo
entre las llamas
y feneció al medio día.

Si el viejo es dinosaurio, concluyes,
este hombre es salamandra.
Si el viejo está en el aire, supones,
este hombre está en la flama
habita la lava ardiente que, como el río o el aire,
también fluye.

Conociste a un poeta al alba y lo oíste confesar
que solía *despertar sin piso, como Pegaso*
o como Ícaro.

LA POESÍA *ES INMORTAL Y POBRE*, repite el anciano
con su voz grave y pétrea
inmortal y pobre –continúa–
y esta aliteración es su mantra, su estribillo de arena.

El poema es artificio, quisieras
decirle
el poema es una cosa y, como el símbolo,
se desprende de la poesía
es su huella.

La salamandra agita la cola y se enfurece
piensa que hablas de la poesía como de una
excreción.

Yo diría que *el poema es un tótem*, afirma tajante
tótem, *tótem*,
ese es su mantra, el bordón de su jarcha

Espejo de agua, en el agua

te observas desde el ojo del cangrejo,
es decir desde adentro.
En el anverso del rostro se revela tu calavera
la imagen de tu muerte.

El artrópodo que descansa sentado en tu lengua
se harta de tus sesos y te presta su ojo

cangrejo del Guadalquivir
ojo de agua, en el agua

La *eternidad rebasa el prodigio*, afirma el anciano
todo prodigio es eterno,   responde la salamandra
tú piensas,   sí,   piensas,
en el jardín de tu casa   en las
manos de tu abuela
y en el pedazo de tu oreja   que lleva el pez
que devoró el otro pez
en el hombre   que con el anzuelo lo atrapa
y lo saca del agua   para llevarlo a su mesa
en la familia   que se harta con tu oreja
y en su extraña comunión   con el cangrejo

Panta rei, todo fluye, *panta rei*
has encontrado tu mantra.

Heráclito el triste, roca del Guadalquivir
Panta rei, todo fluye, *panta rei*
ojo de cangrejo, oreja en el plato
poema, corriente interminable

Panta rei, repites
ese es tu mantra, el bordón de tu jarcha

CARLOS AGUASACO

Es poeta y profesor de Estudios Culturales Latinoamericanos y director del Departamento de Estudios Interdisciplinarios del City College of the City University of New York. Entre sus libros de poemas se destacan *The New York City Subway Poems – Poemas del metro de Nueva York (Ashland Poetry Press -Ashland University-: Ohio, 2020), premio Juan Felipe Herrera al mejor libro bilingüe de poesía en ILBA 2021; Cardinal in My Window with a Mask on Its Beak (Arizona University Press, 2022) que en 2021 recibió el Ambroggio Prize otorgado por The Academy of American Poets. Es el director de The* Americas Poetry Festival of New York. También ha publicado una novela corta y un estudio académico del principal superhéroe latinoamericano El Chapulín Colorado: ¡No contaban con mi astucia! México: parodia, nación y sujeto en la serie de El Chapulín Colorado (2014). Es además el editor de *Transatlantic Gazes: Studies on the Historical Links between Spain and North America [Miradas transatlánticas: estudios sobre los vínculos históricos entre España y Norte América] (2018). Co-editó junto a Juan Carlos Mercado el libro España y Norteamérica en el corredor transatlántico: Relaciones internacionales, derechos humanos y cartografías de la representación (2023). En 2010 recibió el premio India Catalina en video arte en el Festival Internacional de Cine de Cartagena de Indias. Carlos es el fundador y director de Artepoética Press* (artepoetica.com), una editorial especializada en autores y temas hispanos. Sus poemas han sido traducidos a una variedad de lenguas como el inglés, portugués, francés, rumano, gallego y el árabe.

Web: carlosaguasaco.com

ÍNDICE

Memoria en los dientes de mi abuela
Carlos Aguasaco

©Editorial Efímera ©Festival de Los Confines
Director Editorial Efímera: Salvador Madrid.
Editor en Jefe de Editorial Efímera: Néstor Ulloa.

©*Editorial* UNAH
Rector: Francisco José Herrera Alvarado.
Vicerrectora Académica: Belinda Flores de Mendoza.
Director Editorial UNAH*:* Carlos Ordóñez. *Diseño de portada:* Daniela Lozano. *Diagramación:* Arnold Mejía. Una edición en colaboración con la Editorial Universitaria de la Universidad Nacional Autónoma de Honduras *Fotografía del autor:* Archivo propio
ISBN: 978-99979-56-95-8
Printed in USA

Todos los derechos reservados.
No se permite la reproducción parcial o total de este libro por cualquier medio conocido sin la autorización de la Editorial Efímera y el Festival de Los Confines.

Este libro del poeta Carlos Aguasaco
se editó en Honduras en abril de 2023
para ser voz en el VII Festival de Los Confines.

Made in the USA
Monee, IL
22 June 2026

55535799R00037